Carrière
Steinbruch ethnologisch - kulturwissenschaftlicher Beiträge

Wolf Hannes Kalden

KISHI KEIJIRŌ
UND DIE JAPANISCHE ELEKTROINDUSTRIE

Kishi Keijirō (Quelle: Tōshiba Science Museum)

Kalden-Consulting (Hrsg.):
Carrière - Steinbruch ethnologisch-kulturwissenschaftlicher Beiträge.
Band: Kalden, Wolf Hannes: Kishi Keijirō und die japanische Elektroindustrie

Buch: ISBN 978-3-942818-21-6   2. Auflage
E-Book   ISBN 978-3-942818-23-0

© Verlag: Kalden-Consulting Flörsbachtal 2022
Herstellung: BoD – Books on Demand, Norderstedt

Biographische Informationen der Deutschen Bibliothek
Die Deutsche Bibliothek verzeichnet diese Publikation in der Deutschen Nationalbibliographie; detaillierte bibliographische Angaben sind im Internet über http://dnb.ddb.de abrufbar.

Inhaltsverzeichnis

II

Kishi Keijirō und die japanische Elektroindustrie

1895 steckte die moderne japanische Industrie noch in ihren Kinderschuhen, als der junge Ingenieur Kishi Keijirō am 25. Juli in das Elektrounternehmen Shibaura (heute Tōshiba) eintrat. Wer hätte ahnen können, dass damit eine der effektivsten Symbiosen aus talentiertem Ingenieur und modern aufgeschlossenem Unternehmen entstehen sollte. Wie kaum ein anderer Ingenieur trieb Kishi die Entwicklung der japanischen elektrotechnischen Industrie voran, deren Geschichte gemeinhin in der Errichtung des ersten kommerziellen Kraftwerks zur Versorgung der Bevölkerung von Tōkyō im Jahre 1887 beginnen gelassen wird[1], aber mindestens bis in die ansetzende Produktion von Telegrafenmasten in Japan ab 1873 zurückverlegt werden kann.[2]

Schließen der Lücke

Nicht erst seit der Beendigung des Bürgerkriegs und der Regierungsübernahme durch den Kaiser Meiji[3] 1868 lag das Hauptaugenmerk der japanischen Regierungen über Jahrzehnte auf dem Schließen einer technischen Lücke, die besonders im militärischen Bereich gegenüber den Imperialmächten bestand. Demonstriert und erkannt wurde diese wissenschaftlich-technische Überlegenheit bereits 1854, als amerikanische Schiffe unter Kommodore Perry[4] unter Androhung von Gewalt ein Ende der Abschließungspolitik der Tokugawa-Regierung (*bakufu*)[5] einforderten. Um einer in den Augen Japans drohenden Kolonisierung seitens einer der westlichen Mächte zu entgehen und um möglichst rasch das technische Niveau dieser Mächte zu erreich-en, ergriff der japanische Staat die Initiative, indem er nicht nur eine für die Entwicklung nötige Infrastruktur ausbaute, sondern auch Fachkräfte ins Land holte, die das dringend benötigte Wissen verbreiten sollten. Zeitgleich wurden Studenten ins Ausland entsandt, um dort das für die Entwicklung der japanischen Industrie nötige Wissen zu akkumulieren. Japan sah sich zu dieser Zeit in einer ambivalenten Lage, da „es einerseits die zur Industrialisierung erforderlichen Technologien aus den westlichen Ländern einführen musste, ohne aber andererseits deswegen in wirtschaftliche oder gar politische Abhängigkeit von Fremden zu geraten".[6] Langfristig wurde auf „die Erreichung größtmöglicher „Unabhängigkeit" von ausländischen Importen und Beratern"[7] abgezielt. Westliche Technologie wurde unter den Schlagworten *wakon yōsai* („japanischer Geist und westliche Wissenschaft und Technik")[8] bzw. *tōyō dōtoku seiyō gijutsu* („östliche Moral, abendländische Technik")[9] implementiert, wobei Kernpunkte des Konzeptes der Aufbau eines den Bedürfnissen entsprechenden Bildungssystems und das Auslandsstudium waren.

Mit dem weitgehenden Rückzug des Staates aus dem direkten Technologietransfer nach 1890, begannen nicht nur Unternehmenskonglomerate (*zaibatsu*) das Feld unter anderem durch Ankauf der vormals staatlichen Pilotfabriken zu übernehmen, sondern es schlug auch die Stunde der teils aus dem Samuraistand stammenden Ingenieure. Aus einem staatlich gelenkten Technologietransfer wurde ein unternehmensgeleiteter bzw. personengebundener Transfer. Japanische Wissenschaftler wie Kishi Keijirō schafften den Anschluss an die westliche Wissenschaft und trugen vereinzelt zu weltweit anerkannten, bedeutenden Entdeckungen bei. Zusammen mit den Firmen, für die sie arbeiteten, entwickelten sie den japanischen Staat weiter, so dass dieser schließlich ab 1920 als industrialisierter Staat bezeichnet werden konnte.

Kishi Keijirō (Quelle: Familienbesitz Kishi)

Als sich 1873 die ersten im Land produzierten Telegraphenmasten erhoben, wurde auch der Grundstein der Firma Shibaura gelegt. In jenem Jahr ließ die Meiji-Regierung Tanaka Hisae nach Tōkyō kommen, wo er unter Aufsicht des Industrieministeriums (Kōbushō) die Fabrik Tanaka (Tanaka Kōjō) gründete und mit der Produktion, d. h. dem Nachbau ausländischer elektrotechnischer Geräte begann, die bis zu diesem Zeitpunkt alle importiert werden mussten.

1881 stirbt Tanaka Hisae und sein Sohn gleichen Namens benennt die Fabrik in Firma Tanaka (Tanaka Seisōjo) um[10]. Neben elektrotechnischen Geräten u. a. aus dem Bereich Fernmeldetechnik stellte die Firma Tanaka in erster Linie elektrische Systeme für die kaiserliche Marine her. Die Marine zeigte sich dabei zu Beginn als dankbarer und treuer Abnehmer. Gerade in den Gründungsjahren der Firma, die mit dem einsetzenden Aufbau der japanischen Marine zusammenfielen, profitierte das Unternehmen von der gesicherten Abnahme, schaffte es aber zeitgleich nicht, sich einen zivilen Kundenstamm aufzubauen. Als dann die für gesichert gehaltenen Bestellungen der Marine ausblieben, wurde die Firma 1894 an ihren Gläubiger verkauft, das Unternehmenskonglomerat Mitsui (Mitsui Zaibatsu). Die in Shibaura Seisakujo umbenannte Firma galt zu diesem Zeitpunkt als „eine der berühmtesten Maschinenfabriken in Japan"[11] und gehörte bis 1899 zur Ingenieurabteilung von Mitsui (Mitsui Kōgyōbu). Bei diesem Kauf zeigte Mitsui ein gutes Händchen, denn im Vorfeld der anwachsenden internationalen Spannungen in Ostasien war ein erster Waffengang der japanischen Marine nur eine Frage der Zeit. Gerade mal ein Jahr später brach der Chinesisch-Japanische Krieg von 1895/96 aus und einhergehend damit stieg wieder der Bedarf der Marine wie auch des Heeres an elektrotechnischem Gerät. Allerdings gelang nun mit der Zeit der Firma Shibaura neben dem Militär einen zivilen Kundenstamm zu gewinnen und so den Umsatz der Firma auf eine breitere Basis zu stellen. Damit konnte auch die Rezession Ende der 90er Jahre überwunden werden. Schließlich gewann 1905 die Firma ihre Selbstständigkeit wieder, nachdem sie zuletzt der Bergbaufirma von Mitsui zugeordnet gewesen war.

1867 wurde Kishi Keijirō[12] am 15. Tag des dritten Monats[13] in Waka-
yama im damaligen Lehen Kii als zweitältester Sohn von Kishi Shinzaku geboren. Sein Vater genoss einen hervorragenden Ruf und gehörte dem höheren Samurai-Stand an. Bis zur Meiji-Restauration war
er in die Verwaltung des Lehens eingebunden, dessen Daimyō seit
1619 zu einer Seitenlinie des Hauses des regierenden Shōgun Toku-
gawa gehörten und bei Aussterben der Hauptlinie in Edo (heute Tōkyō) zur Übernahme des Titels Shōgun berechtigt gewesen wären.
Nach der Umstrukturierung des Landes wurde Kishi Shinzaku 1879
in die erste Präfekturverwaltung berufen.[14]

Aufgrund der familiären und politischen Nähe des lokalen Fürs-
ten zum Shōgunat in Edo dominierte insbesondere innerhalb des Sa-
murai-Standes sowohl in familiärer Erziehung wie auch in den Bil-
dungseinrichtungen des Lehens eine pro-*bakufu*-Haltung. Wie auch in
anderen Lehen basierte das Erziehungsmodell jener Zeit auf drei Säu-
len: Zum einen ist dies der Shintō[15], der das diesseitige Leben in den
Mittelpunkt stellt und die Existenz des Einzelnen nur in Bezug zur
Gemeinschaft sowie seinen Vorfahren und Nachkommen sieht. Ziele
und Pläne werden so über den gegenwärtigen Augenblick hinaus
auch auf die Nachkommen hin entwickelt. Die zweite Säule ist der
Buddhismus, der menschlichen Beziehungen eine wichtige Rolle ein-
räumt, Probleme als hinzunehmende Adiaphora einstuft, und als bedeutenden Aspekt die Vergänglichkeit alles Seins postuliert. Der Neo-
Konfuzianismus bildet die dritte und für die Erziehung, respektive
Ausbildung, wichtigste Säule, in dem er situationsorientierte Regeln
im Rahmen von Tugenden und sozialen Pflichten gegenüber der
Gemeinschaft vorgibt. Er regelt weitgehend die Beziehung des Samu-
rai zu seinem Herrn, die ursprünglich einen Waffendienst darstellte,
sich aber im Lauf der Edo-Zeit zu einem Verwaltungsdienst wandelte.
Fehlten nun in der direkten Verwaltung Stellen, galten andere Be-
schäftigungen wie Studium oder wissenschaftliche Forschung als
gleichberechtigte Dienste an den Lehnsherren. Mit der Auflösung der
Lehen wandelte sich der Aspekt des Dienstes für den Lehnsherrn zum
Dienst am Staat bzw. Dienst an der Gemeinschaft. Im Hinblick auf das
damalige Erziehungsideal fordert diese neo-konfuzianische Basis das

Einfinden und Einbringen des Einzelnen in seine soziale Rolle. Dieser sozialen Rolle kann aber nur gerecht werden, der seiner Pflicht gegenüber Gemeinschaft und Nation nachkommt.[16] Die Aufwertung des Studiums, wenn auch als Art Ersatzhandlung bei fehlender Aussicht auf Anstellung in Verwaltungspositionen, pflegt gerade Fleiß und Arbeit für die Gemeinschaft als moralische Pflicht. Wissen zu erwerben ist moralisch gut, insofern dieses Wissen in irgendeiner Hinsicht dem Staat und damit der Gemeinschaft zugute kommt.

Bei der andauernden Einfindung in die vom sozialen Umfeld erwarteten sozialen Rolle wird eine „sittliche Persönlichkeit" – im Sinne einer gesellschaftlich förderlichen Persönlichkeit – generiert, die im Idealfall gesellschaftlich günstige Eigenschaften wie Selbstbeherrschung, Verantwortungsbewusstsein, berufliche Tüchtigkeit sowie Liebe zur Wahrheit bzw. Gerechtigkeit postuliert.[17]

Gerade Kishi Shinzaku waren Bildung und Erziehung wichtig – insbesondere im Rahmen dieses neo-konfuzianischen Idealbildes. Neben seinem persönlichen Dienst am Staat in der Lehen-Verwaltung stand er als Meister (*taika*) einer Schule der konfuzianischen *Ryūmon*-Lehre vor und gründete ein autodidaktisches Lernzentrum, um den allgemeinen Bildungsstand in der Region, aber auch die Ausbildung insbesondere in den neuen Technologiebereichen, zu fördern.[18]

Selber im Samuraistand aufgewachsen und zeitlebens geprägt vom hehren Ziel eines Dienstes am Staat, sowie von edukativen Idealen überzeugt, prägte Kishi Shinzaku die Bahnen, in denen seine Söhne später folgen sollten. Konditioniert in ihren Lebensbedingungen und beeinflusst von den pädagogischen Ansätzen des Vaters, fanden die Söhne Mikitarō und Keijirō ihren Platz und ihre Möglichkeiten, einen Beitrag für die damalige Umgestaltung der japanischen Gesellschaft und des Staates zu finden wie in einer Art „historischer Genealogie geistiger Strukturen".[19]

Nur wenige Jahre nach der Auflösung des Samuraistandes verstarb Kishi Shinzaku 1879 an den Folgen einer Epidemie, was die bislang gut situierte Familie Kishi in finanzielle Schwierigkeiten brachte. Nach dem Tode des Vaters wurde Kishi Mikitarō das Oberhaupt der Familie und unterstützte diese finanziell nach seinem Abschluss einer regionalen Privatschule (*gijuku*) und dem Start ins Berufsleben. Kishi Mikitarō setzte sich auch dafür ein, dass sein Bruder Keijirō die Mittelschule (*chūgaku*) abschließen konnte. Dieser besuchte hiernach zuerst die weiterführenden Mittelschulen (*Kōtō Chūgaku)* – 1894 unbenannt in Oberschule (*Kōtō Gakkō*) – in Kyōto und anschließend in Tōkyō. Diese Schulen waren 1886 an Stelle der universitätsinternen Vorbereitungskurse getreten und hatten den Status einer oberen Sekundarstufe. Ihr Besuch war in der Regel Voraussetzung für die Zulassung zum Studium an einer kaiserlichen Universität[20]. Unterrichtsinhalte dieser Schulen waren unter anderem Englisch, Tier- und Pflanzenkunde, ein Themengebiet das Kishi Keijirō bis an sein Lebensende interessieren sollte, Physik, Chemie, Physiologie, Pharmakologie, Pathologie und weitere medizinische Fächer.[21] Nachdem Kishi diese breit gefächerte allgemeine Bildungsgrundlage erhalten hatte, immatrikulierte er 1891 in der Kaiserlichen Universität Tōkyō (Tōkyō Teikoku Daigaku), der noch heute renommiertesten Hochschule Japans.

Im Fachbereich Elektrotechnik (*denki kōgakka*), einer für die Industrialisierungsperiode Japans so repräsentativen Branche[22], der Fakultät für Ingenieurwissenschaften (*kōka daigaku*) studierte Kishi bis zu seiner Graduierung im Jahr 1895, als er seine Abschlussarbeit über den „Entwurf eines zweiphasigen Wechselstrommotors" (*nizōshiki kōryū dendōki no sekkei*) vorlegte, die ihm auch seinen Eintritt in die Firma Shibaura ermöglichte. Entgegen des heutzutage geltenden Vorurteils eines engen Fachhabitus bei Ingenieuren gab die damalige Ausbildung den Absolventen ein breites Wissen mit auf den Weg. So war es für Kishi Keijirō gerade die Biologie, die ihn sein ganzes Leben neben seinem Beruf begleiten sollte. Doch auch an seiner Arbeitsstelle war es einem damaligen Ingenieur nicht vergönnt, sich ganz auf seine eigentliche Arbeit zu konzentrieren. Sobald er mit seiner Arbeit außerhalb seines Forschungslabors begann, musste er zusätzlich zu seinen ingenieurwissenschaftlichen Fähigkeiten Managerfähigkeiten (Kosten, Verkaufsmöglichkeiten, Machbarkeit, Ressentiments der Kunden, etc.), bzw. juristische Fähigkeiten entwickeln (Gesetzeslage, Patente, Wille der örtlichen Bevölkerung, etc.), da er die im weitesten Sinne Anwendbarkeit der Technologie nicht aus den Augen verlieren durfte. Es gibt Anhaltspunkte dafür, dass sowohl das Studium der Elektrotechnik, als auch der Firmeneintritt bei Shibaura auf Weisung seines Bruders Mikitarō erfolgten.[23]

Eine geniale Symbiose: Shibaura und Kishi Keijirō

Als Kishi Keijirō im Jahr seiner Graduierung am 25. Juli 1895 bei der Firma Shibaura begann, befand sich die elektrotechnische Industrie in einer Hochphase, hervorgerufen durch den Chinesisch-Japanischen Krieg, der eine große Nachfrage nach elektrischen Geräten bewirkt hatte. Auf diese Hochphase folgte Ende des 19. Jahrhunderts eine Rezession, in deren Folge mehrere große Fabriken geschlossen werden mussten. „Nur die Firma Shibaura konnte diese Schwierigkeiten ertragen und ihren ersten Platz in der elektrotechnischen Industrie auf Grund ihrer Firmengröße und der guten Qualität ihrer Produkte behaupten"[24]. Auch Kishi Keijirō versuchte die problematische wirtschaftliche Lage der Firma zu verbessern, wobei ihm der Umstand half, dass er auf Grund des Todes seines Vorgesetzten 1901 Leiter der elektrotechnischen Abteilung wurde. Die anderen beiden Abteilungen von Shibaura wurden mit Nishizaki Denichirō (Maschinenpark) und Kobayashi Sakutarō (Produktionsabteilung) besetzt. Im gleichen Jahr wurde auch entschieden, die Ausrichtung der Firmenpolitik auf die Entwicklung elektrischer Maschinen zu spezialisieren und andere Zweige, wie z.B. die Produktion von Eisenbahnbrücken, abzustoßen. Dies hat insoweit Auswirkungen auf die späteren Forschungen im elektrotechnischen Bereich, dass die Firma ihre gesamten Forschung- und Entwicklungsausgaben hier konzentrieren konnte.

Innerhalb von zwei Jahren nach seinem Firmeneintritt wurde Kishi, wenn auch nur vorübergehend, zum Leiter der Elektrotechnischen Abteilung ernannt, eine Position, die er 1901 endgültig übernahm. Während seinen zwei folgenden Studienreisen ins Ausland 1904 und 1907 recherchierte er nicht nur die dortige Technologie, sondern bereitete auch eine Kooperation von Shibaura mit der amerikanischen Firma General Electric vor. Diese Kooperation wurde schließlich auf seiner dritten Reise 1910 besiegelt. Ein Jahr später 1911 kam es zu seiner Beförderung, so dass er „zugleich Leiter der [eingerichteten] Ingenieurabteilung [(*gijutsubu-cho*)] und stellvertretender Direktor [(*jōmu torishimari-yaku*)] wurde"[25]. In dieser Doppelrolle war Kishi nicht nur „als Unternehmer, sondern auch als individueller Techniker mit kreativer Kraft tätig"[26], was ihn zum Paradebeispiel eines Unternehmeringenieurs macht. 1919 bekam er den Titel eines Doktors der Ingenieurwissenschaft verliehen.

Zur Zeit des Ersten Weltkriegs war die japanische Elektroindustrie soweit entwickelt, dass die Japaner „in einigen Bereichen [...] den westlichen Unternehmen Marktanteile streitig machen [konnten]. Bei Transformatoren mit kleiner Leistung (unter 250 KW) war 1908 einheimischen Fabrikaten mit einem Marktanteil von 39,8 % bereits ein Durchbruch gelungen. Auch bei isolierten Drähten kam man beinahe ohne Importe aus. Japan war daher 1909 imstande, über 70 % des Bedarfs an Leitungen mit einheimischen Produkten zu decken"[27]. Es folgte ein wirtschaftlicher Aufschwung, so dass Shibaura stetig seine Produktionskapazität erhöhen konnte. 1920 besaß die Firma einen Kapitalwert von 20 Millionen Yen und der Anfang der 20er Jahre drohenden Rezession versuchte die Firma mit einer weiteren Produktionskapazitätserhöhung entgegenzuwirken, indem sie 1922 in Yokohama, im Stadtteil Tsurumi, 25.000 Hektar Land kaufte und dort mit dem Bau der Fabrik Tsurumi (Tsurumi Kōjō) begann[28].

Das Bauvorhaben für die Fabrik Tsurumi wurde allerdings 1923 durch das Kantō-Erdbeben vorerst beendet. In Folge dieses Erdbebens brannte auch die Firma Shibaura nieder, die „größte elektrotechnische Fabrik Asiens"[29]. Trotz dieses totalen Fiaskos entschied Kishi Keijirō sowohl die alte Fabrik Shibaura als auch die neue Fabrik in Tsurumi wieder aufzubauen, was nur durch einen Kredit in England möglich war, der aber bereits 1924 wieder zurückgezahlt wurde[30]. Die Gewichtung der Produktionskapazität lag dabei auf der Fabrik Tsurumi, deren Bauaufsicht Kishi Keijirō persönlich übernahm. Zusätzlich zu seinen bisherigen Aufgaben wurde er noch Fabrikleiter (*kōjō-chō*) in Tsurumi[31]. Vormittags ging er im Hauptsitz der Firma Shibaura seiner bisherigen Beschäftigung nach und fuhr mittags mit der Elektrischen

Die Fabrik Shibaura (Quelle: Kishi Keijiro-kun
denki hensankai)

Staatsbahn nach Tsurumi. Ein beruflicher Stress, der Kishi gesundheitlich einiges abverlangte. Zwar konnten nach nur drei Jahren Bauzeit 1927 die Arbeiten an der Fabrik Tsurumi abgeschlossen werden, aber im Februar des gleichen Jahres erkrankte Kishi Keijirō an einer Entzündung der Pankreas. Trotz Operation wurde er bettlägerig und verstarb am 4. März 1927.

Die Obduktion ergab, dass seine Pankreas fast vollständig deformiert und so groß wie in Daumengelenk war. Auch der Magen- und Darmbereich waren angegriffen und wiesen fingerspitzengroße Löcher auf[32]. Da ein Ulkus gewöhnlich als ein unter anderem stressbedingtes Krankheitsphänomen gedeutet wird und es keine Anzeichen dafür gibt, dass Kishi Keijirō von sich aus versuchte, sein Arbeitspensum zu verringern, liegt es nahe, seinen Tod als ein frühes literarisch fixierte Beispiel für einen Tod durch Überarbeitung (*karōshi*)[33] zu deuten, auch wenn dessen *exitus letalis* gewöhnlich durch ein „stressbedingtes kardiovaskuläres Ereignis"[34] bedingt wird.

Kishi Keijirō wurde im Garten des Tsurumi Sōji Tempels (Tsurumi Sōji-ji) begraben, von wo man auf die Fabrik Tsurumi hinunterblicken kann. Außerdem wurde ihm zu Ehren eine Bronzestatue errichtet, die allerdings am 18. August 1933 zu Kriegszwecken eingeschmolzen und alternativ aus Marmor neu errichtet wurde.

Neue Technologien basieren auf neuem Wissen

Den ersten Schritt, um sich als Einführer neuer Technologien nach Japan und deren Weiterentwickler einen Namen zu machen, ging Kishi Keijirō bereits mit seiner Abschlussarbeit, die schließlich bei Shibaura zur Herstellung eines marktreifen, zweiphasigen Wechselstrommotors führte. Dessen technisches Niveau lag erstmals für ein in Japan produziertes elektronisches Gerät auf dem der weltweit führenden Hersteller wie Siemens, so dass Shibaura den Motor auch exportieren konnte. Dieser Anfangserfolg überzeugte seinen Arbeitgeber, ihn zur Weiterbildung wiederholte Male ins Ausland zu schicken, um dort

Technologien zu recherchieren, die für Shibaura, aber auch für japanische Industrialisierung im Ganzen, dringend benötigt wurden. Sein Wissen und seine Erfahrungen vermittelte er schließlich in Aufsätzen und Vorträgen.

Der gleich zu Beginn seiner Arbeitstätigkeit bei der Firma Shibaura konstruierte zweiphasige Induktionselektromotor (*nizō yūdō dendōki*) erscheint umso fortschrittlicher, wenn man bedenkt, dass die meisten zu diesem Zeitpunkt gebauten Generatoren und Motoren – was im Prinzip die gleiche Technik darstellt – dem Prinzip des Gleichstrommotors Typ Edison (*chokuryūdenki*) oder dem des einphasigen Wechselstrommotors Typ Hopkins (*tansō kōryu hatsudenki*) angehörten[35]. Die in Japan vorherrschenden Motoren können einem Katalog der Firma Shibaura von 1897 entnommen werden: So wurden Gleichstrommaschinen zu 125 KW (105 Volt, 320 Lux) und 100 KW (125 Volt), sowie die ein höheres Potential habende Wechselstrommaschinen zu 30 KW (1000 Volt, 8000 Lux) und 120 KW (2000 Volt, 32.000 Lux) angeboten[36]. Kishi Keijirō konstruierte schließlich einen zweiphasigen Wechselstrommotor, musste aber mit dem Probelauf warten, da zu dieser Zeit keine ausreichenden zweiphasigen Stromquellen zur Verfügung standen. Aber bereits 1899 wirbt Shibaura in einem Brief an die Firma Takeda Wasserkraft (Takeda Suiden Kaisha) für einen 60 KW Drehstrommotor, der, auch als dreiphasiger Wechselstrommotor bezeichnet, eine Weiterentwicklung des zweiphasigen Wechselstrommotors darstellt. Der Probelauf dieses Motors war ausgesprochen gut verlaufen und Kishi Keijirō konnte auf diese Entwicklung stolz sein, denn „Drehstrommotoren konnten nur an zwei oder drei Orten weltweit produziert werden"[37], weswegen in diesem Punkt die internationale Konkurrenz für die Firma Shibaura nicht nennenswert war. Die Entwicklung des Drehstrommotors, d. h. des heutigen Standardelektromotors, ging immer weiter und 1904 wurde der erste 300 KW 3-Phasen Wechselstrommotor produziert. Im gleichen Jahr stellte die Firma Shibaura einen 175 PS starken Elektrogenerator für die Stadtbahn in Tōkyō her.

Auf diesen Forschungsarbeiten aufbauend, versuchte Kishi die Leistung seiner Motoren und Generatoren zu verbessern, indem er nach einem Weg suchte, den Stromverlust im magnetischen Eisenkern und die bei Gebrauch entstehende Gegeninduktion im Anker zu vermindern. Dies gelang ihm durch eine Umwicklung des Magnetpols mit Eisendraht bzw. durch einen mehrteiligen Aufbau des Eisenkerns[38]. Diesen Elektromotor Typ Kishi stellte er in seiner Abhandlung über das „magnetische Feld des Eisenkerns von Generatoren und Elektromotoren" (*hatsudenki oyobi dendōki no jitatesshin*) vor und meldete seine Erfindung nicht nur als Patent in Japan (Nummer 5087) an, sondern auch in Amerika, Frankreich, England und dem Deutschen Reich. Damit war Kishi „der erste Japaner, der im Ausland ein Patent bekommen hat"[39]. Außerdem erhielt Kishi hierfür bei einer Ausstellung 1904 in St. Louis / USA den ersten Preis[40] – und der amerikanische Elektrotechnikhersteller General Electric sollte die erste ausländische Firma sein, die das Patent für diesen Motor abkaufte.

Die japanische Marine bestellte zwei dieser Drehstrommaschinen, um sie in den 1904 fertig gestellten Kreuzer Otoha einzubauen. Dies war das erste Mal, dass in Japan produzierte Maschinen auf einem japanischen Kriegsschiff eingesetzt wurden. Das 21 Knoten schnelle, 3.000 Tonnen schwere Schiff war als Hauptantrieb mit einer kohlebefeuerten Dampfturbine ausgestattet. Inwieweit die Drehstrommaschinen nur zur Gewinnung von Strom oder aber auch zum Antrieb genutzt werden, ist im Detail zwar nicht rekonstruierbar, aber es liegt der Verdacht nahe, dass es sich um die gleiche Antriebsart handelt, mit der die amerikanische Marine zwischen den Weltkriegen experimentierte: Hierbei erzeugte eine Turbine Strom, um einen Elektromotor anzutreiben, der wiederum die Antriebswelle bewegte. Hintergrund ist der höhere Aufwand, einen Turbinenantrieb rückwärtsfahren zu lassen, als im Vergleich einen Elektromotorenantrieb. Der Kreuzer Otoha nahm am Russisch-Japanischen Krieg teil sowie im Ersten Weltkrieg. Am 25. Juli 1917 lief die Otowa Nähe der Halbinsel Shima auf Grund. Bergungsversuche schlugen fehl bis das Schiff am 10. August 1917 auseinanderbrach. Ob Kishi seine 1903 geborene Tochter allerdings nach dem auf Reede liegenden Schiff oder nach dem gleichnamigen Berg in Kyōto benannte, ist nicht überliefert.

Induktionsmotor Typ Kishi

(Quelle: Tōshiba Science Museum)

Der japanische Kreuzer Otoha (auch: Otowa)
(Quelle: Wikipedia[41])

Im Juni 1904 reisten Kishi Keijirō und der Leiter der Produktionsabteilung Kobayashi zusammen in die Vereinigten Staaten, um die
dortigen Forschungslabore und Produktionsstätten für elektrische Ar-
tikel zu besichtigen. Kishi soll sich auf dieser Studienreise, die hauptsächlich zu den Fabrikanlagen von General Electric führte, für jede
noch so unbedeutende Sache begeistert und alles genauestens über-
prüft und notiert haben, was vermutlich in den Augen seiner amerikanischen Begleiter Skepsis weckte – Industriespionage war schon damals ein Thema. Es wurde ihm zwar weiterhin gestattet, die Betriebsanlagen zu besichtigen, aber man „versuchte zu vermeiden, ihm bei
den Führungen die wichtigen Orte zu zeigen"[42]. Ein japanischer An-
gestellter, Shibuzawa Motoji, der ab 1900 in den Forschungslaboren
von General Motors in Schenectady, New York, arbeitete, erinnerte
sich noch gut an diese Besuche von Kishi, der jeden Tag in die Labore
kam, und sich bis spät in die Nacht alle technischen Details erklären
ließ[43]. Inwiefern der Verdacht der Industriespionage tatsächlich ge-
geben war, ist nicht bekannt, denn nach wie vor wurde auf japanischer Seite „das Imitieren und Kopieren geübt, die Industriespionage als Mittel zum Erwerb bestimmter Kenntnisse genutzt"[44].

Nach seiner Rückkehr nach Japan am 31. März 1905 hielt Kishi
bei einer elektrotechnischen Tagung einen Vortrag über das bei San
Franzisco gelegene Wasserkraftwerk De Sabla[45] der Pacific Gas and
Electric Company (PG & E). Nicht wegen der Größe oder der Kapa-
zität hatte er dieses Kraftwerk ausgewählt, sondern weil dessen Gefäl-
le den japanischen Verhältnissen ähnlich war. Dies war der erste Vortrag von Kishi, bei dem er detailliert über die Einrichtungen der Maschinen, deren Transport und Verpackung referierte. Führende Köpfe
der japanischen Stromerzeuger nahmen an dieser Veranstaltung teil,
um beim Bau neuer Kraftwerke die amerikanischen Erfahrungen
umgehend einfließen lassen zu können. Bei seinem Besuch der PG & E
besuchte Kishi wohl auch die 1901 in Betrieb genommene, und zu diesem Zeitpunkt weltweit mit 140 Meilen längste 60.000-Volt-Hoch-
spannungsleitung in der Bucht von San Francisco. [46]

Aus dem gleichen Zweck wie die erste Reise fuhr Kishi von Ok-
tober 1907 bis April 1908 ein weiteres Mal nach Amerika, besuchte
aber auch Firmen in Mexiko und Kanada. Da diese Reise keine reine

Studienreise war, sondern er gleichzeitig Maschinen für eine Fabrik in Tomakomai auf Hokkaidō zu kaufen trachtete, wurde Kishi in den meisten Firmen offener empfangen. Im Anschluss an seine Reise hielt er bei einem Kongress für Elektrotechnik einen Vortrag über „Wasserkraft in Mexiko", hauptsächlich über das Unternehmen Mexican Electric and Power, dem größten Wasserkraftwerk im damaligen Mexiko.[47]

Von Juli 1910 bis Februar 1911 war Kishi Keijirō zum dritten Mal in Nordamerika, aber diesmal nicht nur, um die Betriebsanlagen von General Electric zu besichtigen, sondern um einen Kooperationsvertrag zwischen dieser und der Firma Shibaura, dem japanischen Marktführer im elektrotechnischen Maschinenbau, gegenzuzeichnen, der unter anderem vorsah „Erfindungen und Entwürfe gegenseitig auszutauschen", dabei begnügte sich General Electric mit einem Anteil von 25 % beim japanischen Partner. [48] General Electric „bevorzugte nämlich, das Management weiterhin in der Hand der einheimischen Partner zu lassen [...] In der Shibaura-Leitung [wurde] daher nur ein Direktor gestellt, der lediglich für die technischen Belange zuständig war. Mit der Wiedergewinnung seiner finanziellen Anlage hatte es General Electric auch nicht eilig; dafür war außer den Dividenden nur eine Vergütung für die technische Leitung vorgesehen, die aber recht niedrig festgesetzt war. Dies alles passte gut zu dem Wunsch der Japaner, von der Zusammenarbeit mit einem technisch Fortgeschritteneren zu profitieren"[49]. Der Geschäftsführer von Shibaura, Otaguro Jūgorō, brachte es auf den Punkt: „Für uns geht es in der Folge weniger um Kapital als um Technologie"[50]. Mit Hilfe dieser Kooperation konnten auf beiden Seiten enorme Kosten gespart werden, die ansonsten besonders im Bereich der Such- und Informationskosten im Technologietransfer angefallen wären. Außerdem wurden die Kommunikationswege und das Vertrauen der Partner untereinander besser – z. B. verschwanden die Verdächtigungen wegen Betriebsspionage. General Electric konnte von der Zusammenarbeit profitieren, was sich daran zeigt, dass 1912 das erste durch Elektromotoren betriebene amerikanische Kriegsschiff, die USS Jupiter, vom Stapel lief. Als Hauptmotor besaß das 20.000 Tonnen Schiff eine 7.000 PS starke Turbine.[51] Es besteht zwar die Möglichkeit, dass es sich hierbei um eine unabhängige Entwicklung der Firma General Electric handelte, aber der kurze Zeitraum von acht Jahren zwischen den Stapelläufen der technisch ähnlichen Schiffe Otoha und USS Jupiter legt den Verdacht einer engen Zusammenarbeit nahe, denn nach damaligem japanischen Patentrecht[52] war der Drehstrommotor Typ Kishi noch geschützt. Auf seiner Rückreise von Amerika nach Japan reiste Kishi durch England, Frankreich und dem Deutschen Reich, um sich so auch einen Einblick in europäische Elektrotechnikunternehmen verschaffen zu können.

Die vierte und letzte Auslandsreise von Kishi brachte ihn von Januar 1914 bis April 1915 nach China, Indien und Südasien. Einerseits lag es in seinem und dem Interesse der Firma Shibaura den Markt für elektrische Geräte auf den asiatischen Kontinent auszudehnen, andererseits wollte Kishi die Auswirkungen des tropischen Klimas auf eine mögliche Produktion von Elektrogeräten untersuchen. Seine hierauf erscheinende Abhandlung „Über die Besichtigung in Indien" war mitunter ausschlaggebend für den ansetzenden japanischen Export von Spinnereimaschinen und Motoren im Allgemeinen nach Indien.[53]

Es sollte nicht bei Elektromotoren bleiben

Mit seinen unzähligen Vorträgen und den Veröffentlichungen seiner Ergebnisse tat Kishi den ersten Schritt für die Implementierung neuester Technologien im sich schnellstmöglich industrialisieren wollenden Japan. Kishi teilte den Wissenschafts- und Technologieglauben seiner Zeit, dass es nichts gäbe, was technisch nicht umsetzbar sei. Shibuzawa erinnert sich in seiner Biographie, „ [Kishi] sagte energisch, wenn man irgendetwas machen wolle, gebe es nichts, das man nicht schaffen könne. Er behauptete, nicht nur riesige Motoren und Hochspannungstransformatoren, über die damals bei der Firma Shibaura geforscht wurde, sondern auch Sachen, die nicht direkt mit der Elektroindustrie zu tun haben scheinen, zu importieren."[54]

Für alle ihre Transformatoren sowie Motoren benötigte die Firma Shibaura zur Isolation hochwertige Industrieöle, welche allerdings in Japan selber nicht produziert werden konnten. Daher war in großen Mengen der kostspielige Einkauf der Isolationsöle (*Vacuum Transit Oils*) aus den USA notwendig, um den Betrieb der Maschinen aufrecht zu erhalten. Um diese Kosten einzusparen, analysierte die Forschungsabteilung von Shibaura unter der Leitung von Kishi seit 1904 die amerikanischen Öle und baute sie in langjährigen Experimenten nach. Nach fünf Jahren konnten die Vergleichsprüfungen endlich erfolgreich abgeschlossen werden und seitdem liefen die Transformatoren mit den firmeneigenen Isolationsölen.

Nicht nur die Transformatoren benötigten Isolation, sondern gerade hier liegt auch die Herausforderung beim Transport von Strom über lange Strecken. Schließlich konnte es der Firma Shibaura nicht reichen, Maschinen zu verkaufen, sondern in den Anfangstagen der Industrialisierung war eine für die kommende Motorisierung und Elektrifizierung des Landes notwendige Infrastruktur bei ihren Kunden vor Ort zumeist nicht weit genug entwickelt, um z. B. für Antriebsmotoren den Strom zur Verfügung zu haben. Elektrotechnische Errungenschaften lassen sich nur anwenden, wenn entweder Generatoren vor Ort sind oder eine Stromleitung zum nächsten Kraftwerk vorhanden ist. Die gesamte Strominfrastruktur steckte noch in ihren ersten Ansätzen. Aus diesem Grund investierte die Firma Shibaura, welche auch Wasserwerke unterhielt, viel Geld und Zeit in eine Optimierung des Leitungsnetzes.

Ausschlaggebend für die notwendige Optimierung bisheriger Leitungsisolatoren war der 1903 probeweise ans Netz gegangene 50.000-Volt-Transformator (40 KW, 60 Umwicklungen)[55]. Während in dieser Zeit für elektrische Telefone 2.000 Volt bis 3.000 Volt starke, doppelte, von japanischen Firmen hergestellte, Isolatoren verwendet wurden, waren im Bereich der Hochspannung ausländische Produkte monopolartig im Markt. Um auch hier ein eigenes Produkt auf den Markt bringen zu können, untersuchte Kishi jede Art von Isolator genau, die im Gebrauch war, und erforschte das Verhältnis zwischen der bei der Erdung vorhandenen Stromspannung und der Gebrauchsstromspannung, sowie der Gebrauchszeit. Auch äußere Einflüsse wie Staub,

Temperatur, Regen unterlagen seinen Recherchen.[56] 1905 wandte Kishi sich schließlich an das Unternehmen Japan Porzellan (Nihon Tōki Kaisha), das bis zu diesem Zeitpunkt westliches Geschirr herstellte[57], um gemeinsam im Bereich der Isolatorentechnik zu forschen. So konnten 1906 die ersten Isolatoren für 15.000 Volt und 25.000 Volt in japanischer Produktion hergestellt werden. Später, nachdem mehrere Probleme bei der Herstellung[58] beseitigt werden konnten, kam es zur Produktion von weißen, dreifachen Isolatoren des Typs Shibaura 3.500 Volt und des Typs Shibaura 75.000 Volt. Der Erfolg war so durchschlagend, dass Japan Porzellan die Produktion umstellte und sich 1919 in Japan Isolatoren (Nihon Gaishi Kaisha; heute NGK Insulators) unbenannte.

Nachdem die Qualität der Produkte stimmte und auch eine verbesserte Fernleitung des Stroms in Angriff genommen worden war, wandte sich die Forschungsabteilung von Shibaura der Optimierung und dem Bau von Wasserkraftwerken zu. Von der Stromerzeugung, über den Stromtransport bis zu den Endmaschinen wollte die Firma so die gesamte Bandbreite abdecken. Neben seiner täglichen Arbeit als Leiter der Forschungsabteilung und den langen Geschäftsreisen ins Ausland fand Kishi Keijirō in der Planung und Verbesserung von Wasserkraftwerken sein persönliches Steckenpferd, so dass Kishi mit Recht in Japan als „Vater der Wasserkraftwerke" bezeichnet wird. Nicht nur, dass er, wann immer er die Zeit aufbringen konnte, persönlich die Unterschiede in den Höhenstufen und die unterschiedlichen Niederschlagsmengen untersuchend Bauplätze für potentielle Wasserkraftwerke suchte, sondern Kishi versuchte auch, andere Firmen dazu zu bringen, in den Ausbau der Wasserkrafttechnik zu investieren.[59] Während 1907 nur 38.622 KW durch Wasserkraft gewonnen wurde – im gleichen Jahr wurden 76.288 KW durch Thermalenergie gewonnen –, waren es 1912 bereits 233.339 KW. In diesem Jahr hielten sich erstmals die Werte der aus Wasserkraft bzw. Heizwerken gewonnen Kilowattstunden die Waage. 1927, dem Todesjahr von Kishi wurden schließlich 2.111.087 KW durch Wasserkraft und nur 1.256.044 KW durch Thermalwerke gewonnen.[60] Diese Zahlen zeigen die wachsende Bedeutung des aus Wasserkraft gewonnenen

Kishi auf einer seiner Wanderung

(Quelle: Kishi Keijirō-kun denki hensankai)

Stroms für Japan, eine Entwicklung die nicht nur zum geringen Teil Kishi zu verdanken ist. So agierte er nicht nur als Berater für Planungen von Wasserkraftwerken, sondern versuchte über seine Verbindungen und seine Freunde in Industrie, Beamtenschaft, Militär und Universitäten[61] sogar die Forschungen zur Wasserkrafttechnik zum Staatsziel zu machen, ein Vorhaben, das wegen finanziellen Schwierigkeiten seitens des Kommunikationsministeriums (Teishinshō) recht schnell wieder eingestellt werden musste.[62]

Um die Kosten beim Bau von Wasserkraftwerken zumindest ein wenig minimieren zu können, schlug Kishi vor, in die Turbinen anstelle von Metall- Holzschaufelräder einzubauen. Diese senkten nicht nur die Baukosten, sondern stellte für japanische Wasserkraftwerke, deren Turbinen aufgrund der steilen Flussgefälle und den so in großen Mengen mitgeschwemmten Geröllen nur eine kurze Lebensdauer haben, eine optimale Alternative dar, denn auch der Austausch der Schaufelräder war so günstiger zu bewerkstelligen. Zur Produktion passender und genormter Holzschaufelräder wurde die Firma Dengyōsha (Dengyōsha Kabushiki Kaisha) gegründet, die schnell eine der größten Fabriken für Wasserräder Japans wurde.[63]

Neben der Generator- und Motorentechnik, der Isolatorenforschung, der Planung von Wasserkraftwerken, versuchte Kishi auch die Elektrifizierung der Privathaushalte voranzutreiben, besonders im Bereich der elektrischen Heizgeräte. Zu diesem Zweck wurde er 1922 Mitglied in einer Forschungsgruppe für häusliche Elektrifizierung (*kateidenka chōsa-kai*) im Kommunikationsministerium. [64]

Neben seinen Leistungen in der Elektrotechnik dürfen aber auch die Errungenschaften von Kishi für die Elektrochemie (*denki kagaku*) nicht außer Acht gelassen werden. Bereits 1908 plante Kishi eine japanische Aluminiumproduktion aufzubauen, wobei allerdings ein Ersatzstoff für das nicht in Japan vorkommende Bauxit gefunden werden musste. So gründete er 1909 das Institut für Elektrochemie (Denkikagaku Kenkyūjo) in Niigata. Bereits wenige Jahre später gelang es im Laborversuch mit Hilfe eines per Elektrolyse aus Lehm gewonnenen Stoffes Aluminium herzustellen. „Eine Sensation in der damaligen industriell-technologischen Welt"[65]. Eine industrielle Fertigung des so gewonnenen Aluminiums war aber nicht möglich, da damals Elektrizität sehr teuer war, man noch nicht genügend Erfahrung mit der Elektrolyse gesammelt hatte und es keinen qualitativ ausreichenden Graphit für die Elektroden gab. Allerdings gelang in diesem Institut die künstliche Herstellung von Phosphor, der als gleichwertig mit ausländischen Produkten bezeichnet werden konnte.

Vom Ingenieur zum Unternehmer

Im Laufe seiner Berufstätigkeit wandelte sich Kishi vom Universitätsabsolventen über einen Ingenieur zum Großunternehmer. Mit seinen Bestrebungen, die über den eigenen Erfolg hinaus auch eine Weiterentwicklung des gesamten Landes vorsahen, stellt Kishi ein eindrucksvolles Beispiel japanischer Unternehmerideale dar. Die japanische Unternehmeridee der Industrialisierungszeit Japans zieht ihre Quellen aus den älteren vorindustriellen Hausverfassungen der Kaufmannsfamilien, in denen „Geschäftsprinzipien wie Fleiß, Disziplin usw. inhaltlich eingeschlossen sind. Hervorzuheben sind drei Besonderheiten: 1) Nationalorientierung […], 2) Mitarbeiterorientierung […] und Kundenorientierung"[66]. Diese ausgeprägte Nationalorientierung floss auch in die neue Bildungsidee ein, der Kishi bereits früh ausgesetzt gewesen ist. Sein Leben passt in allen drei Punkten auf dieses Unternehmerideal: Er forschte für die Entwicklung der japanischen Industrie, was nicht nur von Seiten der Ingenieure mit dem Wohl der Gemeinschaft gleichgesetzt wurde, und kümmerte sich um seine Mitarbeiter, indem er in einer Art Sozialwohnungsbau Mitarbeiterwohnungen auf dem Firmengelände von Shibaura errichten ließ. Es sollte zwar als natürlich erachtet werden, dass Unternehmer eine gewisse Kundenorientierung in ihrem Verhalten zeigen, aber bei Kishi Keijirō ging dies insoweit über das normale Maß hinaus, dass er bei seinen Ambitionen, Technologien zu verbreiten, die Produktion der dazu nötigen Materialien häufig anderen Unternehmen überließ, anstelle in der eigen Firma die Produktion auf andere Bereiche auszudehnen. Dies kam auf zwei Wegen den Kunden – im Sinne der Gesellschaft – zugute, zum einen entstand keine Monopolstellung eines Unternehmens auf verschiedene Technikbereiche, zum anderen konnte die Firma Shibaura weiterhin ihre Forschungs- und Entwicklungsausgaben auf die Weiterentwicklung im Bereich elektrischer Maschinen konzentrieren. Modernere Maschinen kamen wiederum den Kunden zugute. Zudem gehörte seine „praktische Lebensführung unter dem Gesichtspunkt der Nützlichkeit […] zu einem ganz wesentlichen Bestandteil des kapitalistischen Geistes"[67]. Bei allen Vorhaben des Imports und der Verbreitung von Technologie stand für Kishi die Machbarkeit im Mittelpunkt. Als die Produktion von Metallschaufelrädern für Wasserkraftturbinen zu kostspielig war, wurde auf die Produktion von Holzschaufelrädern umgestellt, bzw. als die Eigenproduktion von Aluminium im Laborversuch gelang, eine industrielle Produktion aber aus Kostengründen ausschied, wurden die Forschungsambitio-en auf ein Minimum zurückgeschraubt.

Sein Gefühl der Verantwortung für eine Förderung des Landes durch technologische Forschung endete nicht in seiner eigenen Person, sondern in seinem Verantwortungsbewusstsein als Unternehmer schrieb er zahlreiche Stipendien und Forschungsgelder aus. Bereits nach dem Tode seiner Mutter 1904 verwendet er sein Erbe zur Förderung anderer wissenschaftlicher Talente und etablierte innerhalb der Firma Shibaura ein Nachwuchsförderprogramm. Zudem schrieb er zahlreiche Preisgelder bei wissenschaftlichen Tagungen aus und bedachte in seinem Testament sowohl die Forschungsabteilung der Firma Shibaura mit 100.000 Yen als auch die Gesellschaft für Strom (Denki Gakkai) mit 10.000 Yen.[68]

Jedoch fand Kishi neben all diesen Projekten unglaublicherweise auch noch Zeit für sich selber. Soweit es ihm die Zeit zuließ, verbrachte er seine Zeit in seinem Garten als große Leidenschaft. Wenn er auf seinen Reisen durch Japan „irgendwelche Felsen, die ihm gefallen haben [sah], hat er sie in seinen Garten [nach Kamakura] bringen lassen"[69]. Zudem frönte er seinem Faible für Literatur, Kalligraphie, Malerei und Golf, einen Sport, den Kishi nicht nur aktiv betrieben hat, sondern auch eine Broschüre über die richtige Technik verfasste. Diese wurde allerdings nur im Freundeskreis verteilt und nicht publiziert.[70]

Zeichnung aus der Abhandlung über Golf

(Quelle: Kishi Keijiro-kun denki hensankai)

BOURDIEU, Pierre
1989   *Satz und Gegensatz. über die Verantwortung des Intellektuellen;*
        Wagenbach Verlag, Berlin.
1997   *Der Tote packt den Lebenden. Schriften zu Politik und Kultur 2;* VSA-
        Verlag, Hamburg.

FOREIGN AFFAIRS ASSOCIATION OF JAPAN (Hg.)
1934   *The Japan Yearbook 1934;* Kenkyūsha Verlag; Tōkyō.

FUJIMURA Tetsuo
1997   *Wagakuni no denkijigyō to denryokugijutsu* im Rahmen des
        Symposiums: *Chūbu no denki no ayumi;* http://user01.tcp-
        jp.or.jp/~ishida96/symposium_e/Fujimura-1993symposium.html;
        20.03.2003.

GENERAL ELECTRIC
2002   *A Century of Innovation. 1910-1919;* auf:
        http://www.ge.com/en/commitment/innovation/html/decade_19
        10.html, 20.03.2003.

KAISERLICHES FINANZMINISTERIUM (Hrsg.)
1913   *Finanzielles und wirtschaftliches Jahrbuch für Japan;* Staatsdruckerei,
        Tōkyō.

KISHI KEIJIRŌ-KUN DENKI HENSANKAI / ŌTAKE Takekichi (Hrsg.)
1931   *Kōgaku Hakushi Kishi Keijirō den;* Kishi Keijirō-kun Denki Hensankai,
        Tōkyō

MAI, Manfred
1987   *Die Bedeutung des fachspezifischen Habitus von Ingenieuren und Juristen*
        in der wissenschaftlichen Politikberatung; Verlag Peter Lang, Frankfurt.

NIPPON KAGAKU-SHI GAKKAI (Hrsg.)
1965a „Kōtō Gakkō ni okeru Senmonkyōiku" in: dieselbe (Hrsg.): *Nippon*
        Kagaku Gijutsu-Shi Taikei; Band 9 *Kyōiku;* Daiichi Hōki Verlags AG;
        Tōkyō.

1965b „Kyōkō, Sensō to Denryoku" in: dieselbe (Hrsg.): *Nippon Kagaku Gijutsu-Shi Taikei*; Band 19 *Denkigijutsu*; Daiichi Hōki Verlags AG; Tōkyō.

PAUER, Erich
1992   „Der Technologietransfer nach Japan – Strukturen und Strategien" in: derselbe (Hg.): *Technologietransfer Deutschland - Japan. von 1850 bis zur Gegenwart; Monographien aus dem Deutschen Institut für Japanstudien der Philipp-Franz-von-Siebold-Stiftung;* S.48-72; Iudicium-Verlag, München.

RAUCK, Michael
1992   „Technologietransfer Deutschland – Japan (1870 – 1914): dargestellt anhand konkreter Industrieprojekte" in Pauer, Erich (Hg.): *Technologietransfer Deutschland - Japan. von 1850 bis zur Gegenwart; Monographien aus dem Deutschen Institut für Japanstudien der Philipp-Franz-von-Siebold-Stiftung;* S.100-137; Iudicium-Verlag, München.

ROTARY CLUB JAPAN
o. J.   *Nihon no Rōtāri-shi;*
           http://www.rotary.or.jp/about/history/japan.html; 20.03.2003.

SCHMID, Gary Bruno
2001   *Tod durch Vorstellungskraft. Das Geheimnis psychogener Todesfälle;* Bechtermünz, Augsburg.

SUH, Yi-Jong
1995   *Technikgenese und technischer Habitus von Ingenieuren : Japan und Deutschland im Vergleich;* Dissertation; Freie Universität Berlin; Mikrofilm Center Wolf Dietrich Klein, Berlin.

TACHIGAWA Heiji
1965   „Tokubetsu kōatsugaishi no kenkyū" in: NIPPON KAGAKU-SHI GAKKAI (Hg.): *Nippon Kagaku Gijutsu-Shi Taikei.* Band 19 *Denkigijutsu;* Daiichi Hōki Verlags AG; Tōkyō.

TAKENAKA Tōru
1992   „Technologiepolitik und Direktinvestition von Siemens in Japan vor dem Ersten Weltkrieg" in Pauer, Erich (Hg.): *Technologietransfer*

Deutschland - Japan. von 1850 bis zur Gegenwart; Monographien aus dem Deutschen Institut für Japanstudien der Philipp-Franz-von-Siebold-Stiftung; S.138-157; Iudicium-Verlag, München.

TEICHLER, Ulrich
1975   *Geschichte und Struktur des japanischen Hochschulwesens. Hochschule und Gesellschaft in Japan Bd. 1*; Ernst Klett Verlag, Stuttgart.

TŌJŌ Tsuneo
1943   „Kishi Keijirō" in: *Riken: Kagaku Shugi Kōgyō*;Vol. 7 Nr. 11; RIKEN Konzern Verlag, Tōkyō.

TŌKYŌ SHIBAURA DENKI (Hg.)
1963   *Tōkyō Shibaura Denki Kabushiki-Gaisha roku-jū-nen-shi*; Tōkyō Shibaura Denki, Kawasaki.
1977   *Tōshiba hyakunenshi*; Tōkyō Shibaura Denki; Kawasaki.

Eine künstlerische oder privatwirtschaftliche Karriere, Erfolg im Vorankommen im Allgemeinen oder eine Ämterlaufbahn sind nur einige Beispiele dessen, mit dem französischen Begriff „carrière" assoziiert wird. Jedoch gibt es noch eine weitere Bedeutung, die eines klassischen Steinbruchs. Gerade ein solcher Steinbruch steht hier als Metapher Pate für unsere Reihe *Carrière – Steinbruch ethnologisch-kulturwissenschaftlicher Beiträge*, denn dieser ist mehr als nur ein Titel – er ist ein Motto. Die Reihe *Carrière* vertritt zwei Ansätze: wie andere Publikationsformen möchte sie Studierenden höherer Fachsemester sowie noch dem Fach verbundenen Akademikerinnen und Akademikern in den Instituten wie auch außerhalb der universitären Welt eine Plattform für von ihnen bearbeitete Themen bieten. Eine Plattform, über die ihre ausgefeilten Manuskripte, Referate oder Essays ein Publikum außerhalb der Hörsäle erreichen, denn oft finden sich gerade bei jungen Autorinnen und Autoren gute und förderungswürdige Ansätze, die aber leider häufig verloren gehen, da sie keinen Eingang in spätere, veröffentlichte Arbeiten finden. *Carrière – Steinbruch ethnologisch-kulturwissenschaftlicher Beiträge* bedeutet aber auch, dass es sich dabei eben nicht nur um in sich geschlossene, fertig gestaltete Arbeiten handeln muss, sondern es gerade unfertige, thematisch angerissene Projekte sein können, die ähnlich einem heraus gebrochenen und roh vorgearbeitetem Stein der Allgemeinheit zugänglich gemacht werden, damit ein weiterer Künstler respektive Handwerker seines Faches diesen Stein aufgreift und vollendet. Gerade diese rohen Steine versuchen wir für *Carrière* – Steinbruch – zu finden.

Geboren wurde die Idee zur Reihe *Carrière* 2007 im Zuge der Publikation des Sammelbandes *Japan im internationalen Kontext – Beiträge kultur- und sozialwissenschaftlicher Japanforschung*, in dem der Beitrag eines Professors neben dem von Mitgliedern des wissenschaftlichen Mittelbaus wie auch Studierenden unterschiedlicher Fachrichtungen in einem Band unter dem verbindenden Thema Japan vereint wurden. Es blieb damals bei diesem einmaligen Projekt. Ziel von *Carrière* ist es

nun, mit diesem Projekt eine Reihe zu schaffen, die nicht nur für
wenige Jahre auf der Bildfläche erscheint, sondern langfristig sich als
„Steinbruch" etabliert. Dauerhaftigkeit von Projekten steht und fällt
verständlicherweise mit der Finanzierung und so finanzieren die
bereits publizierten Bände den Druck der jeweils neu hinzukommen-
den. Daher kann gesagt werden, dass bei vorbereitender redaktionel-
ler Mitwirkung auf die Autorinnen und Autoren des jeweiligen Ban-
des keine Selbstbeteiligung bei den Druckkosten hinzukommt. Somit
lässt sich natürlich der Turnus, in dem einzelne Bände erscheinen, im
Vorfeld nicht genau festlegen. Mit ihrem Erscheinen gehen die einzelnen Bände in den internationalen Vertrieb und sind sowohl als
Printausgabe als auch Ebook über den stationären wie auch online
Buchhandel verfügbar. Ein Einspielen in einen Verbundkatalog er-
folgt ebenso wie die Abgabe der Pflichtexemplare. Dabei nimmt *Carrière - Steinbruch ethnologisch-kulturwissenschaftlicher Beiträge* sowohl
Originalbeiträge in deutscher als auch englischer Sprache an. Beige-
fügte Bilder oder Unterlagen müssen einen Herkunfts- und Erlaubnis-
vermerk für die Wiedergabe haben. Es liegt jeweils bei der Autorin
oder beim Autor sicherzustellen, dass der eingereichte Beitrag keine
Rechte bspw. anderer Publikationsplattformen, bei denen sie even-
tuell inhaltlich ähnliche Aufsätze eingereicht haben, verletzt. Gerne
können einzelne Bände der Reihe auch zu Sammelbänden von Beiträ-
gen mehrerer Autorinnen und Autoren ausgebaut werden.

Als kurzer Einblick in die vergangenen Jahre der Reihe *Carrière*
seien hier beispielhaft ein paar Themenbände genannt: So befasste
sich die letzte Ausgabe mit der Studentenschaft der Philippsuni-
versität Marburg in den 1920er Jahren (*Die Philipps-Universität Marburg und ihre Studentenschaft im Jubiläumsjahr 1927*: 2020), ein anderer
Band mit den Ursprüngen der japanischen Elektroindustrie (*Kishi
Keijiro und die japanische Elektroindustrie*: 2015/2022), zwei weitere mit
Hiroshima als kulturellem Gedächtnisort (*Gedächtnisort Hiroshima*:
2020 & *Horatores Pacis – the peace declarations oft he mayors of Hiroshima
1947-2014*: 2014) oder einer mit einem fasenachtlichen Heischebrauch
in Oberhessen (*Heut` ist die liebe Fasenacht, da hab ich mir nen Spieß
gemacht*: 2018/2022). Somit lädt die Reihe *Carrière – Steinbruch ethnologisch-kulturwissenschaftlicher Beiträge* alle ethnologisch-kulturwissen-

schaftlich Forschenden, losgelöst von ihrem fachlichen Schwerpunkt, ein, einen Beitrag oder Essay einzureichen, der als eigenständige Veröffentlichung im Rahmen der Reihe publiziert wird. Willkommen sind Beiträge aus allen kulturwissenschaftlichen Disziplinen und Strömungen. Ein regionaler Fokus ist nicht vorgegeben.

Mit Freude sehen wir Ihrer Partizipation entgegen.

Richten Sie Ihre Anfragen oder Manuskripte direkt an den Herausgeber der Reihe:

> Wolf Hannes Kalden
> Kalden-Consulting
> Orber Straße 24
> 63639 Flörsbachtal
> info@kalden-consulting.de

Endnoten

[1] Vergleiche hierzu das statistische Jahrbuch der Foreign Affairs Association of Japan 1934: 599.

[2] Takenaka 1992: 142

[3] Meiji-Tennō, geboren am 3. November 1852 in Kyōto, gestorben am 30. Juli 1912 in Tōkyō, mit Eigennamen Mutsuhito, war der 122. Tennō von Japan, dessen Nengō (Regierungsdevise) seiner Regierungszeit den Namen Meiji-Zeit gab. Er übernahm den japanischen Thron zu einem Zeitpunkt, als nach über 250jähriger Regierungszeit der Tokugawa-Dynastie im Land im Zuge der Einmischung ausländischer Mächte ein Bürgerkrieg ausbrach. Die gegen die Tokugawa-Herrschaft rebellierenden Kräfte scharten sich in seiner Symbolik um den Tennō, dem sie so, neben der symbolischen Macht seiner Vorgänger, zur realen Macht verhalfen.

[4] Matthew Calbraith Perry wurde am 10. April 1794 in Newport, Rhode Island, USA geboren und starb am 4. März 1858 in New York City. Als US-amerikanischer Seeoffizier war er zuletzt im Rang eines Kommodores. 1854 erzwang er unter Androhung militärischer Gewalt mit seinem Flottenverband die Beendigung der japanischen Isolationspolitik und die Öffnung des Landes für das Ausland.

[5] *Bakukufu* bezeichnet literarisch eine Zelt-Regierung, d.h. die Regierung militärischer Machthaber aus dem Kriegerstand in Abgrenzung zur höfischen Regierung der Tennō.

[6] Takenaka 1992: 138

[7] Rauck 1992: 103

[8] Hierzu Pauer 1992: 53

[9] Suh 1995: 42

[10] Hierzu Tōkyō Shibaura Denki 1977: 3

[11] Tōjō 1943: 98

[12] Bei der Recherche zur Biographie Kishi Keijirō ist schnell deutlich geworden, dass in den letzten 60 Jahren meines Erachtens keine Publikation – mit Ausnahme zweier Jahrbücher (1963, 1977) der Firma Tōshiba, in denen er

und seine Arbeit mit wenigen Worten Erwähnung finden – über den Ingenieur Kishi Keijirō erschienen ist. Die Angaben beziehen sich daher weitgehend auf seine Biographie aus dem Jahr 1931 und eine Beschreibung seiner Tätigkeit aus dem Jahr 1943. Beide Publikationen entstanden nach seinem Tod 1927. Quellen im Internet gehen selten über eine bloße Erwähnung seines Namens hinaus. Ihrer Art als nachträgliche Lebensbeschreibung bzw. Nachruf gerecht werdend, tendieren die existierenden Quellen zu Kishi zu einer Heroisierung. Dieses Phänomen ist besonders bei Erwähnung seiner Bedeutung für die japanische Industrialisierung und bei Anführung von Anekdoten und dergleichen zu berücksichtigen. Negative oder zumindest kritische Beschreibungen fehlen völlig. Zudem zeigen die retrospektiven Quellen eine Struktur im Leben von Kishi auf, die es zu Lebzeiten höchstwahrscheinlich nicht gab, denn im Gegensatz zu nicht rückblickenden Beschreibungen, sind sie keine objektive Sammlung durchlebter Vorfälle, sondern strukturierte Fremdbilder. Doch dies ist ein generelles Problem der Wissenschaft ans sich, da es keine wissenschaftlich-objektive Beschreibung eines Objektes geben kann, denn es wird eben nicht das Objekt an sich beschrieben, „sondern vielmehr die Beziehung zum Objekt, Ressentiment, Neid, soziale Begierde, unbewusste Strebungen, eine Menge nicht analysierter Dinge" (Bourdieu 1989: 12).

[13] Diese umständlich erscheinende Formulierung mag verziehen werden, denn der uns so geläufige Gregorianische Kalender wurde erst 1872 in Japan eingeführt. Der 25. 03. entspricht einfach dem fünfundzwanzigsten Tag des dritten Monats seit Jahresbeginn und nicht dem 25. März.

[14] Siehe Kishi Keijirō-kun Denki Hensankai 1931: 1

[15]Shintō ist eine fast ausschließlich in Japan praktizierte, animistisch-polytheistische Religion. Shintō wird gemeinhin mit unter die Weltreligionen gezählt.

[16] Der erste japanische Erziehungsminister Mori Arinori (23.08.1847 – 12.02.1889) postulierte Staatsorientierung als Hochschulziel. Im von der neuhumanistischen Bildungsidee beeinflussten Kaiserlichen Hochschulgesetz (*Teikoku Daigaku-rei*) wurde eine „der Nachfrage der Nation entsprechende" (Kaigo Tokiomi (1969): *Daigaku Kyōiku* (Hochschulausbildung); Universität Tōkyō; zitiert nach Suh 1995: 153) Ausbildung vorgesehen. Hierbei klingt stark der Aspekt des Diensts am Staat des Samuraistandes an. Ein solcher

Gemeinwohl-, bzw. Staatsbezug wird auch in einschlägigen Werken zum Fachhabitus von Ingenieuren hervorgehoben – so spricht z.B. Mai von dem „für Ingenieure typische[n] Selbstverständnis als Diener des Gemeinwohls" (Mai 1987: 90).

[17] Vgl. Suh 1995: 137-143

[18] Hierzu Kishi Keijirō-kun Denki Hensankai 1931: 1

[19] Zur Vererbung geistiger Strukturen vgl. Bourdieu 1989:10 sowie 1997:39, auch Suh 1995:91

[20] Hierzu Teichler 1975: 63

[21] Hierzu Nippon Kagaku-shi Gakkai 1965a: 290

[22] Vgl. hierzu Tōjō 1943: 98

[23] Kishi Keijirō-kun Denki Hensankai 1931: 5

[24] Tōjō 1943: 99

[25] Tōjō 1943:100

[26] Kishi Keijirō-kun Denki Hensankai 1931: 28

[27] Takenaka 1992: 143

[28] Nach Tōjō 1943: 102

[29] Tōjō 1943: 102

[30] Tōkyō Shibaura Denki 1977: 13

[31] Hierzu Tōkyō Shibaura Denki 1963: 68

[32] Hierzu Kishi Keijirō-kun Denki Hensankai: 1931: 77

[33] Im Krankheitsbild zeigt Kishi Keijirō bereits die vierte Phase der teilweise pathologisch wirkenden Arbeitssucht, d. h. es kommt zu psychosomatischen Symptomen, wie z. B. Magengeschwüren. Die erste Phase, in der die Arbeitszeit als Freizeitbeschäftigung, Hobby oder dergleichen im Sinne einer Tarnung der Suchtgefährdung ausgegeben wird, die zweite Phase, in der alle Lebensbereiche der Arbeit untergeordnet werden, und die dritte Phase, in der

die Arbeitszeit auf abends, nachts und sonntags ausgeweitet wird, hatte er schon durchlebt (Deutung nach Schmid 2001: 57).

[34] Zum Tode durch Überarbeitung siehe Schmid 2001: 55

[35] Hierzu Kishi Keijirō-kun Denki Hensankai 1931: 13

[36] Kishi Keijirō-kun Denki Hensankai 1931: 13-14

[37] Kishi Keijirō-kun Denki Hensankai 1931: 70

[38] Hierzu Tōjō 1943: 99 und Nippon Kagaku-shi Gakkai 1965b: 342

[39] Nippon Kagaku-shi Gakkai 1965b: 342

[40] Kishi Keijirō-kun Denki Hensankai 1931: 30; allerdings irrt der Verfasser, die Ausstellung in St. Luis war 1904, nicht Meiji 39

[41] en.wikipedia.org/wiki/Japanese_cruiser_Otowa; 28.9.2015

[42] Kishi Keijirō-kun Denki Hensankai 1931: 36

[43] Hierzu Kishi Keijirō-kun Denki Hensankai 1931: 9

[44] Pauer 1992: 61, hierzu auch Rauck 1992: 104

[45] Kishi Keijirō-kun Denki Hensankai 1931: 37. Hier ist die Rede vom Wasserkraftwerk *Dezabura*. Indizien wie die Höhenlage des Kraftwerks (381 m ü. N. N.) und des Dammes (464 m ü. N. N.) sprechen für das Kraftwerk der 1905 von John Martin und Eugene de Sabla gegründeten Pacific Gas and Electric Company (PG & E) San Francisco. De Sabla war das erste von Eugene de Sabla konstruierte Wasserkraftwerk.

[46] Kishi Keijirō-kun Denki Hensankai 1931: 37

[47] Kishi Keijirō-kun Denki Hensankai 1931: 27

[48] Tōjō 1943: 100

[49] Takenaka 1992: 152

[50] Zitiert nach Takenaka 1992: 145

[51] General Electric 2002

[52] Die Schutzfrist galt 15 Jahre und konnte um 3 bis 10 Jahre verlängert werden (vgl. Kaiserliches Finanzministerium 1913: 79).

[53] Kishi Keijirō-kun Denki Hensankai 1931: 38

[54] Kishi Keijirō-kun Denki Hensankai 1931: 39

[55] Technische Details nach Kishi Keijirō-kun Denki Hensankai 1931: 16

[56] Hierzu Tōjō 1943: 101

[57] Internet: Fujimura 1997

[58] Vgl. Tachigawa 1965: 163-165

[59] Tōkyō Shibaura Denki 1963: 57

[60] Zahlen nach Foreign Affairs Association of Japan 1934: 600

[61] Vgl. auch Kishi Keijirō-kun Denki Hensankai 1931:71. Zudem war Kishi häufig in der Society for Promotion of International Intercourse (Kōjunsha) und den Tōkyō Rotary Club, Tochtervereinigung des amerikanischen Rotary Clubs. In diesem Fall war Kishi Keijirō auch einer der Gründungsmitglieder (Rotary Club Japan o. J.).

[62] Tōjō 1943: 100

[63] Tōjō 1943: 101

[64] Kishi Keijirō-kun Denki Hensankai 1931: 59

[65] Kishi Keijirō-kun Denki Hensankai 1931: 60

[66] Suh 1995: 208

[67] Suh 1995: 102

[68] Nach Kishi Keijirō-kun Denki Hensankai 1931: 31

[69] Kishi Keijirō-kun Denki Hensankai: 1991: 64

[70] Kishi Keijirō-kun Denki Hensankai 1931: 65